槎溪藝蘭志

二

嘉定陸廷燦扶照氏輯

文二

杞菊賦　陸龜蒙

惟杞惟菊包寒互緣或頳或茗烟披雨沐我衣敗綈我飯脫粟羞慚齒牙苟且粱肉蔓延駢羅其生實多爾杞未棘爾菊未莎其如予何其如予何

後杞菊賦　蘇軾

天隨生自言常食杞菊及夏五月枝葉老硬氣味苦澀猶食不已因作賦以自廣始余嘗

疑之以爲士不遇窮約可也至於饑餓嚼齧草木則過矣余仕宦十有九年家日益貧衣食之奉殆不如昔及移守膠西意且一飽而齋廚索然日者與通守劉君廷式循古城廢圃求杞菊食之捫腹而笑然後知天隨之言可信不謬作後杞菊賦以自嘲且解之云

吁嗟先生誰使汝坐堂上稱太守前賓客之造請後掾屬之趨走朝衙達午夕坐過酉曾盃酒之不設攬草木以誑口對案顰蹙舉箸噎嘔昔陰將軍設麥飯與葱葉井丹推去而不餐怪先生之眷眷豈故山之

悅余目於重九歲植百本日繞百匝兮聊臨風而三
嗅

後杞菊賦　　張栻

張子為江陵之數月時方中春草木敷榮經行郡圃意有所欣非花柳之是問眷杞菊之青青爰命采掇付之庖人汲清泉以自烹屏五味而不親甘脆可口蔚其芳馨葢日為之加飯而他物殆不足以前陳飯已捫腹得意謳吟客有問者曰異哉先生之嗜此也昔坡公之在膠西值蕪禁之方興歎齋廚之蕭條乃攬乎草木之英今先生當無事之世據方伯之位校吏奔走頤指如意廣厦延賓毬場享士清酒百壺鼎臑俎胾宰夫奏刀各獻其技顧無求而弗獲雖醉飽其何忌而乃樂從夫野人之餐豈亦下取乎葑菲不然得無近於矯激有同於脫粟布被者乎張子笑而應之曰天壤之間孰為正味厚或腊毒淡乃其至猩唇豹胎徒取詭異山鮮海錯紛糾莫計苟滋味之或偏在六腑而成贅極口腹之所欲初何出乎一美惟杞與菊中和所萃微勁不苦滑甘靡滯非若他蔬善嘔走水既瞭目而安神復沃煩而蕩穢驗南陽與西河又頹齡之可制此其為功曷可殫紀況于膏粱之

習貧賤則廢雋永之求不得則恚茲隨寓之必有雖約居而足恃殆將與之終身又可貽夫同志子獨不見吾訥湖之陰乎雪消壤肥其茸萋莛與子婆娑薄言掇之石銚瓦椀啜汁咀虀高論唐虞咏歌書詩嗟乎微斯物孰同先生之歸于是相屬而歌殆日宴以忘機

杞菊賦　　張耒

余到官之明年以事之東海道漣水漣水令盛僑以蘇子瞻先生後杞菊賦示余余不達世事自初得官即不欲仕而親老矣家苦貧

糞升斗之粟以紓其朝夕之急然到官歲餘困于往來奔走之費而家之窘廹益甚向日悲愁嘆嗟自以無聊既讀後杞菊而後洞然如先生者猶如是則余而後可以無嘆也

有蓬四垣張子居官童子晨謁有騶在門張子迎客平生故人余致其勤傀客以餐擷露菊之清英剪霜杞之芳根芬敷滿前無有馨膻客愠而作謂余曷然張子始歎終笑以言陋雖爾棄分則余安子聞之乎膠西先生爲世達者文章行義徧滿天下出守膠西曾是不飽先生不愠賦以自笑先生哲人太守尊官

食若不厭況于余焉不稱是懼敢謀其他請卒余說子無我嗟寘寘之中實有神物主司下人不間毫髮夫德不稱亭者殃勞不償費者罰予身甚微余事甚賤聊逍遥于枯槁庶自遠于人患客謝而食如膏如飴茲山林之所樂余與爾焉共之

秋香亭賦

范仲淹

提點屯田鉅陸公就使居之北擇高而亭背孤巘而橫江植菊以爲好命曰秋香亭呼賓酹酒以落之僕賦而侑焉

鄭公之後兮宜其百祿使于南國兮鏗金粹玉倚大

旆于江干揭高亭于山麓江無烟而練迴山有嵐而屏矗一朝賞心千里在目時也秋風起兮寥寥寒林脫兮蕭蕭有翠皆歇無紅可凋獨有佳菊弗治弗夭采采庭際可以卒歲畜金行之勁性賦土爰之甘味氣驕松筠香減蘭蕙露溥溥以見滋霜肅肅而敢避其芳其好胡然不早歲寒後知殊小人之草黃中通理得君子之道飲者忘醉而餌者忘老公曰時哉時哉我賓我來綾泛遲歌如春登臺歌曰賦高亭兮盤栢美秋香而酡顏望飛鴻兮寘寘愛白雲之閒閒又歌曰曾不知吾曹者將與夫謝安不可盡歡而聿去

乎東山又不知將與夫劉伶不可復醒而長閒乎雷霆豈無可而無不可兮一逍遥以皆寧

菊枕賦　　田錫

粲粲佳人虹綬珠纓采采芳菊霜籬月庭勝彩日以徵燥逗輕風而益馨書帕閑覆珍盤久停書閣閒開讀錦囊之藥餘鑪香靜爇披瑤檢之仙經味甘而豈獨蠲疾品貴而仍堪續齡于是剪紅綃而用貯金蘂代粲枕而爰寘銀屏誰羨陳宮帶黃金以加飾慵思漢邸秘鴻寶以稱靈當乎夜炯玉蟬漏催銀箭拂芳塵于象榻展餘霞之綺薦蘭燈背壁憀寒焰之九華

珠箔垂軒挂繁星之一片于是撫菊枕以安體憐菊香之入面當夕寐而神寧迨晨興而思健或松醪醒而心醐析醒或春病瘳而目無餘眩益知靈効雖琥珀以奚珍自悅幽芳豈珊瑚之足羨昔也聯紫菊與白菊和烟容與露芳咸見采于玉指惜徒况于金觴巧思潛得重緘有方錦文緣飾以增麗彩線彌縫而漏香價掩魏寔名踰蕙房月幌斜開恨西窻之欲曉書帷半掩順東首以延祥魯國同賢誰念曲肱之樂漆園吏傲空懷化蝶之鄉每至蘭堂夙興寶篋朝斂輕藻綺于芙蓉勝琢彫之琬琰香在玄髮芳留雙臉

致元首之康哉美馨德兮難掩

菊花賦　　陳藻

律中無射兮其聲商以高金飈遒勁兮殿百草而甍膏淸灝流地特形一毛醒方蘇于舊荄脉巳奮乎枝柯津至有涯葉窮秋毫宛舒厥盛萼布嫩嘈散散黃英其情若何土階茅屋明良賡歌富貴不淫淫非吾曹禹食菲兮溝洫勞湯德且懋孰恣于遨艱難王業周豖而磨身弋綈兮道德麗心經理兮投厥弋曉露團團兮曷璿旒之孔多數君恍其胥會兮觀濟濟乎上袍坤裳之德弸中彪外兮藹相輝而盪摩寂寥兮瀟洒屋籬兮山阿匪陶兮愛汝乃汝兮則陶藻含章兮叢婆娑振振童子標格非凡志凌穹漢迹混蓬蒿展葉敷華玉宇澄虛靑靑衿佩以翔以翱崇臺顯榭低回若思或謙光而抑抑柴關蓽戶體胖心廣或渙發而囂囂或烟雌月幌緣詩太瘦鼓舞吟哦幽姿逸態層崖峻臯寧肥遯兮與决科千菲萬艷其藻固掞天庭兮名園兮利牢貌爽而癯意肅而豪甘忍饑以香廉疇撐腹而臭饕芳譽籍籍聘書徵入謦哨嵯峩有人若我異彼惡草誰賦離騷秦筆以刀嗟俗吏之滔滔者哉爾其歷蘭省步華館生邃閣兮正秘書之

舛訛審直辭而貶褒序庠潔已以爲師揚德馨于後髦倘徉容與乎金閨玉堂之內判花視草芬馥兮酷烈秀茂兮森羅霜臺凜凜胡斥非愆三軍出帥靡頑弗鏖作秋官于圜扉刑自嚴而不苛上公雖尊吐哺迎客誰飲脉羔賤貴者時吾常未始改兮委委佗佗如山如河太陽正照襟抱惟兮皚皚庸流微風生濤肌膚可萎氣燄詎可奪兮縱十九載于匈奴漢節不放而落旄重九良辰運來難逃舉世我趨榮傾敗荷惜哉寸晷容易蹉跎明日人心棄我粕糟然其衰也亦國老之皤皤諸年少其焉如太子安而不他是故

歷代議養執爵余飲先萬乘而酕醄毛嫱麗姬鬒髮如雲選花插鬢吾不使遭讀書之眼翳膜生昏神入其睚耿如秋波或乃三枝兩簇散漫疎成騷人墨客適爾相過千枝萬朶間以他卉王孫公子來往如梭繁盛滿園一望數畝良金幾籯敵此富有非天下之至貴孰能與于此哉萬物備我不藏不韜得之者性失之者麾愛玩不已三嗅而作吾執吾友揶揄咍呵遂相與言不知者從乎優婆采而獻諸薜茘之摩訶知之者從乎孟軻而訪于酒糟也亂曰饑有饌兮丹霞拖渴有飲兮凉雨淹魂雖悅兮亾血腴精物何産

於厚地兮全一清而于操子將辟穀兮剡鷄鶩專餌汝兮亶至和寒無用兮衣饔白日上升舟兮誰篙奚待尋乎海山兮六鼇徐福去兮空回艘彼不火食兮陷仙杏與蟠桃或棗或栗兮或蒲萄餐木之寔不若餐其華之效頊兮俄乘羽化兮辭舊寀朝玉帝兮履舄靴下視塵寰兮天殁慕我不及嘆白頭兮悶搔

牡丹菊賦

郝經

初入新館客將宋日新致朱砂紅牡丹菊一本祇三四花憔悴萎暗不以爲奇遂植之穿廊西之隙地今歲忽茂達成叢高六七尺及秋而放數百花所未見也適正甫書狀生朝而其花尤盛故作賦以寓感其辭曰

西風悄兮幽局木葉下兮空庭忽異卉之呈芳乃示子以不情郁霞腴之春姿敷玉瀣之秋英蹙絳綃于青苞剪翠羅于綠莛拆緗桃與紫微訝䲶紅與鶴翎高層層以奕奕重裊裊以盈盈結膩黃以爲心抹沉粉而含馨凝夜氣以夸晝姹斜陽而韡晴仍牡丹之花王彊將菊以爲名嗚呼噫嘻時哉匪時造化則奪形色不移雖反常而似妖顧眞宰豈予欺寓國色于羈孤謝凡品之芬芳擬金氣于西陸吐霜葩于東籬

鄙傾城之鄭袖期佩蘭之湘纍獨超出乎群倫不繫
累于等夷特以秋而爲春乃奇花之出奇彼自爲一
時殆非後時也且持盃而浥露更嚼句以待月儘吳
江之飛霜甚窮海之饕雪與後凋之姚魏共終全于
晚節

白菊賦并序　何景明

甲子九月十四日馮侍御宴集出白菊詠賞
屬予賦之蓋以奉賓主之歡洽耳豈有望于
榮觀哉辭曰

緊季秋之將望予恤夫序次之易代既無暇于遊覽

亦索處而寡類接芳鄰之拚引誠欽志于雅詩塵主
人之投轄肅羣俊而弭蓋延陳秋卉以侑觴冀逸興
之可貸咸式燕以延賞異過時而尚蔆喜遊玩以怡
情追佳節之莫待豈無得于物觀實有感于斯會猥
受簡以紓思庶形狀之具載爾其蕨紫莖而上擢應
奇菱以孤植蘂萋萋其微藹萼栗栗以寒色申纖縞
以自貞羞組綵之外飾承危朵而不傾挺柔枝而益
力香冉冉而不繁艷娟娟而稍抑態屢覯而愈妍意
凝想而彌極姤嚴整而莫褻終溫郁而可即華不露
而已章思欲語而復默神超有而入無豈彷彿之遽

得迺若開館重深高幕虛凉簷蕭蕭以下月庭藹藹
而降霜爍爍灼以映夕紛委綴而明廊素娥兮聯裾
青女兮駢粧縹輕鬟以雲鬒皎靚質而雪光驂連蜷
兮鸞鶴服陸離兮珮璫信雕容之可赧嗤菱蘳之不
量于是賓倚徙而久竚若耿耿其懷傷釭滅影兮續
亭夜就深兮移牀馳畱嘆于永謝結華思于餘芳允
思美之所遇亦旣隱而復揚乃嵗律之甫遷慨金氣
之何速鳥棲棲而歛翮飈颯颯以驚木悅窮莽于廣
隰班紛薄于脩陸衆已謝于塲野獨宛轉于寒谷甘
苦心于螻蟻等末翰于樸樕雖曠絕以自持胡偃蹇

而下伏夕淹雨而泣素朝披烟而委綠羌守操以堅
氷徒有容之若玉倘衣袖之是將亦絃琴而可錄吾
觀夫懷逹人之隱德抱烈女之幽衷詎纓情於豐華
奚移志於始終桃早秀而先萎槿晨敷而暮空苟淸
白之爲尚曷芊菲之足崇嗟予之不淑兮撫年運而
興悲覩茲植之所由懼脩名之失時彼斯人之同志
吾何俗之不隨迺孑孑以矯激羡草木之所爲偉夫
君之超越幸方圓之有持矧諸公之奮奇倶發蹤之
可師顧會合之不偶常寡歡而多離指孤芳而締好
剏遊讌以爲嬉誠後期之不忘或有徵於微辭

後白菊賦并序　　何景明

菊有白色者超越他品予嘗賦之矣丙寅之秋京師桃李皆花予庭是種生意淒然久而不敷至十月始盛開色益鮮厲予感焉作賦以繼前聲

大運荒乎何停陰陽奄以代謝究動植之所由嗟何物之弗化時維孟冬金虎兮屏舍白帝兮徂駕氣厲厲兮始嚴景曶曶兮將下值抱痾以閒居循周除而巷而寡行服縞組以脩容佩珩璜以貽令寄岑寂以怡心襲馨香以飾性無良朋以修好憾邪妁之干正又如下國之擯臣離宮之斥嬪心怦怦以憯惻懷耿耿而苦辛綴中宵以前席念昔日之下陳慨微欬之莫宣若有怨而弗伸兮孤蹇以終畢羌孰予兮幸親結桑條而三嗅重延佇而欽心寂闃館以容與散塵營以滌襟鑒微月之曖曖步列星之森森天窈窈以條華疾風起而夕陰念沍寒之已逼憭獨悲夫衆林苟操性之殊執豈華色之遽沉內惆悵以懷顧怳屏營以宛含意其孰語若鍾情而未定女幽房而專情士窮蕩思庭葉委以陳翳堦蘚積而不治覽庶草之先藹撫茲根之獨遲彼桃李之非令亦競榮而呈姿

曄丹華以鬱鬱胥緣林而萋萋胡衆人之好哆班紛慕其芳菲朝縣吹兮塡闉夕車馬兮成蹊咎𤣥樞之舛化諒人事之尤遠矧天道之無遠或省予而弗知翳予植之雖晩實鄙志之所欣賤羣穠之溷濁耻雜敷之糾紛俱並進以取姸表孤花以見珍寧他卉之我先甘避迹而弗羣乃其蘊金氣以內凝標皜質而外暎蔓不踰垣繁不披徑葉塗塗其自沃枝矯矯而獨勁咨嗟覩日月之滅毁恐霜雪之增加抱孤英以自明悵情親之我遐慮寒香之終匱俾予身之蹉跎負大塊以馮生豈惟是乎獨嘉物何盛而弗衰亦何枯而弗華夫芝焚而栢薪皆萎顔而殞葩伊桃李之既零　小奚畏乎泥沙委常運以流轉復胡戚而胡夸誠予褎之不爽彼夸戚兮如何辭曰有美一人揚淸芬兮縞袖合沓同素雲兮被服文㰥皓繽紛兮令儀襜襜歛玉手兮傾城獨立世不有兮時無蹇脩誰則覯兮谷透迤兮雪霰來兮衆芳萎兮嗟伊人兮秉志不迴兮

菊賦　徐渭

渭既賦牡丹滕子復申辭曰曩吾之庭牡丹春華菊英秋發吾子抽精於彼而絕響於此毋亦如吾所謂

避其凉而趨其熱者乎渭曰有是哉子之善戲而挾也乃筆不停綴詞不及展遂賦曰誰乎誰乎芒芴曷常春至麗日秋臨抗霜彼亦何熱此亦何涼惟付與之是聽非智計之可詳履子廣庭覩茲烈芳翳名相之別數亦莖葉之異萌染不出於五色維其變之莫量歷九秋而自如閱數望而靡謝從顔色之中乾永附蒂而不舍於時白帝司辰冽冽辛辛木葉下而草萎霜露降而鴈征乃自圃畦遷爾廣楹一則不足百尚有羸羣而不黨矜而不爭槩望若結件而遠俗單玩則各立而獨行乘金令而始拆秉土氣之正精雖雜采之並敷惟彼黄之盛榮諒盈庭而冒錦亦剖符而鋈金耀愈澤而不妖烈無吹而自馨方辭謝乎徑塗處規垣而託身非瓦礫以爲嘉存太朴之希聲彼主人兮誰子懷高廓兮心貞秉圭璋之潔白樹文學之干旌則有幽人處士墨卿逸吏候節序之高朗知寒燠之迅駛弭蓋於門肅隊而至或移觴而就筵賦篇章而未已爾則不以物驚不以物喜挺危朶而愈勁舒正色而不媚匪鉛華以事人多君子之枉戾豈無人而不芳亦何庸以釆佩當夫青陽發生桃李盛花名園如霰上國如霞嬰好鳥其載鳴將何物之不

化胡爾類之自矜乃偃伏其萌芽迨寒氣之始肅日馳騖乎南陸雲慘淡而無光野何萌而不縮爾乃自耀其孤標恥賤同而貴獨謂所性之若斯兮或未必其盡然夜不可以為夙兮晨不可以為昏苟榮悴之有時奚爾類之能專將推之而不後抑挽之而不前彼著厚爾以遲莫又何辭于末年紛後先亦何必兮避桃李之盛時抗素秋而挺茂兮終焉保其不衰至乃微霜襲宇驚飈振帷萼紺紫而不起葉比次而下垂閒閒宇兮無人恍星月之懸輝則有似乎貞女永絕乎夫君放臣懷國而酸悲尹子履霜于中野蘇武

嚙雪于沙陲在顛沛而愈厲至九死其靡遺外容色之凋傷實中心之永矢嗟主人之懷抱美材質之脩嫮逾盛年而云邁稍凌夷乎末路苟著著之爾私兮又何病於歲暮日中昃而彌烈兮金粹精于融鑄直守貞而罔渝于茲英其何負余假託以抒誠兮信毋必而毋固

園菊賦　徐氏

晨步小園一望疎林白雲縹緲黃葉紛紜風蕭蕭而異響寒凜凜而侵人驚天道已殘秋覺霜氣之稜稜鴈嘹嚦而南還蛩啾唧而哀吟值時景之荒涼菊芳

華於後庭何其晩也是造物之無知乎善爾碧袪黠翠嫩萼噴金無桃李之妖艷抱松栢之堅心雖素雅之非凡奈何生乎不辰寄寸根于塵世胡爲乎不遇乎陽春及其華也不獲寵而鮮妍兮懷淒楚于秋霜陰雲慘淡以蔽天兮日色薄而無光日色既薄而苦短兮惜乎金英之徒芳遭風欺而雨妒兮獨熒熒而不變其常吁嗟佳哉細觀其高世出塵之姿幽默徘徊之態嬾隨俗以富貴愛淸冷而盤桓似有爲而不見用於時者也似抱道而隱逸者也順天而安分者也豈習俗之能知耶重曰聊植疎籬淸且幽兮天運

閉塞隱而潛兮隱而潛兮霜淒雨霏兮百草罷綠爾猶存兮困苦自持時窮見操兮行比幽人素位履貞兮

贊

圖贊 郭璞

菊名日精布華玄月仙客薄采何憂華髮

銘

蘭菊銘 王淑之

蘭既春敷菊又秋榮芳熏百草色艷羣英孰是芳質在幽愈馨

菊花銘　　稽含

煌煌丹菊暮秋彌榮璇莛圓秀翠葉紫莖詵詵神仙徒食落英

菊銘　　成公綏

數在二九時惟斯生

頌

菊頌　　成公綏

先民有作詠茲秋菊綠葉黃華菲菲彧彧芳踰蘭蕙茂過松柏其莖可玩其葩可服味之不已松喬等福

菊頌　　左氏

英英麗草稟氣靈和春茂翠葉秋曜金華布濩高原蔓衍陵阿揚芳吐馥載芬載葩爰採爰拾投之醇酒御於王公以介眉壽服之延年佩之黃耇文園賓客乃用不朽

菊花頌　　陳高

爰有佳卉所性貞兮乾剛坤柔中稟精兮綠葉蓁蓁叢而不蔓兮厥花伊何金英粲兮煒其婉娩懷正色兮幽淡清絕香可服兮媚於晚節守志俟命兮蹇茲孤高不可違遥兮吁嗟人兮莫爾知兮說間棄正夫何疑矣遯世無悶聖所韙兮彼美君子其德可與比

兮

題

題建陽馬君菊譜　劉克莊

菊之名著于周官詠于詩騷植物中可方蘭桂人中惟靈均淵明似之後漢胡廣貴壽偶然耳乃託菊水以自神糞土之評萬古不磨嗚呼非廣之辱菊之辱也至忠獻韓公始有晚香之句膾炙人口近日番禺崔公辭相印不拜自號菊坡俱爲本朝佳話嗚呼非二公之榮菊之榮也建陽馬君譜菊得百種各爲之咏其嗜好清絶可喜亦幸君未爲人爵所縻林下趣

專獲與菊相周旋如此未知君他日官達將爲伯始乎抑爲韓爲崔乎將以榮是菊乎抑以辱是菊乎君其謹之勿使菊有遺憾

題十月賞菊卷　李東陽

東籬掃徑慨花事之將闌西社傳書念瓜期之未晩百年易過九日重遭惟菊爲隱逸之稱而冬乃閉藏之令挺孤芳於獨茂脫衆履於羣紛視蒲柳之望誰先比松栢之凋尤後神農嘗藥著靈品於方書屈子餐英播遺芬于詞苑物非遠取類實羣分闢地成田八世守柴桑之業揮毫作賦一鄉傳甫里之風君惟

有之是以似之我則知者不如樂者敢將幽意用託微馨懷彼隰之皇皇詠初筵之秩秩貯之以數仍之華屋得其所哉佩之以五色之錦囊永爲好也念菲葑之無下愧糠粃之在前未揭齋楣先題簡首

題呂天遺菊譜

錢謙益

屈子云朝飲木蘭之墜露兮夕餐秋菊之落英蓋其遭時鞠窮衆芳蕪穢不欲與雞鶩爭食餔糟歠醨故以飲蘭餐菊自況其懷沙抱石之志決矣悠悠千載惟陶翁知之其詩曰秋菊有佳色裛露掇其英飲酒荆軻諸篇撫已悼世往往相發曹子桓送菊鍾繇謂

感時遲暮謹送一束以助彭老之術此非知屈子者也檇李呂翁天遺性好蒔菊自謂有菊癖述樹藝栽植之法爲菊譜一卷聞翁爲故相文懿公之後避世墻東製荷衣戴籜笠其斯世遺民悠然在南山東籬之間者歟抑亦飲蘭餐菊有靈均之志歟嗟乎人世榮華勢燄如風花烟草昔者東陵侯今爲種花人故相之子于今爲庶能以種花自老賢于金張七葉多矣他日訪呂翁之菊譜安知不以爲靑門之阡陌乎

跋

百菊集譜跋

史鑄

愚自丙申迄於甲辰每得菊之一品一目必稽于衆其言同者然後筆而記之今譜內有六品尚闕其說緣愚曩嘗一見今眭丁罕種未獲再覯以取其的故也凡九年間於吾鄉得正品與濫號假名者總四十五種以次諸譜之後予昨當花時每歲須苦吟體題詩與集句詩一二十篇以揄揚衆品之清致積稔彌久幾至二百篇今選百篇濫贅卷尾至此與盡而絕筆矣爾後雖間有黃薔薇金萬鈴之類始出然愚年將耄景則纈眼勧於辨眎未容苟簡增入也如有與我同志者幸爲續譜云

晚香堂題詠跋　史鑄

淳祐壬寅之夏嘗序菊譜刋梓以便夫觀覽越數年忽得晚香堂百詠開卷伏讀則知馬君先輩酷愛此花無日而不以爲樂亦嘗作譜於淳祐壬寅之秋愚味其詩立意清新造語騷雅體題明白世所未有也第愧耄拙非才不足追攀英躅又不識隱君燕逸何方與吾鄉限隔江山幾許里而獲聞賢士君子志同道合如此登堂拜而其願莫遂實勞我心今姑摭二十篇附于右將以益衍其傳云

諸菊品目跋　史鑄

右一百三十一名間於其下又有附注者三十二是總計一百六十三名也然世謂此花有七十二品若以此數求其一州之所有則不足若求於四方則遠出此數之外盖菊之爲態栽植年深茍得其宜則其間形色或有變易者故種類滋多命名非一殆不可以數計也况遐方異俗所呼不同或一品至於有三四名者以是考之則知此品目猶未免有重複也覽者當知之

辨

甘菊辨　歐陽修

本草所載菊花者世所謂甘菊俗又謂之家菊其苗澤美味甘香可食今市人所賣菊苗其味苦烈乃是野菊其實蒿艾之類强名爲菊耳家菊性凉野菊性熱食者宜辨之余近來得佳菊植於西齋之前遂作詩云明年食菊知誰在自向欄邊種數叢余有思去之心久矣不覺發於斯

菊落辨　篛廊偶筆　宋犖

世傳王介甫咏菊有黄昏風雨過園林吹得黄花滿地金之句蘇子瞻續之曰秋花不比春花落憑仗詩人仔細吟因得罪介甫謫子瞻黄州菊惟黄州落瓣

子瞻見之始大媿服按黃州志及諸書絶不載此事余寓黃數載種菊最多亦不見黃花落地後惟盆中紫菊纔落數瓣耳心竊疑之因考史正志菊譜後序云花有落有不落者又云王介甫作殘菊詩歐陽永叔見之戲曰秋花不比春花落爲報詩人仔細看介甫聞之笑曰歐陽九不學之過也豈不見楚詞云夕餐秋菊之落英余謂歐王二公文章擅一世而左右佩劒彼此相笑豈非於草木之名猶有未盡識而不知有落不落者耶按此乃歐王二公之事與子瞻無涉更無黃州菊落之事何世人篤信不疑紛紛引爲

口實耶

似菊非菊辨

王復禮

花有名菊而實非菊者如藤菊豆綠色其大如菊梗黑而細蔓沿滿架花開最多又名銕線蓮以其梗似也然形如菊而稱蓮非矣蒿菊即春時蒿菜花也色黃有心大亦如菊藍菊草本有藕合石青諸色長尺餘花極爛漫即杜若也萬壽菊金黃色千瓣大亦如菊沿藤菊花中無此色或藉以點綴波斯菊重瓣西番菊單瓣皆老黃色蔓生者也六月菊又名滴滴金瓣最紋心極密枝高三四尺惜花小耳又有花似菊

而不名爲菊者如秋牡丹色紫草本黃心花亦如菊葉大倍之馬蘭藕合色形如小菊野生開花甚多千里光色黃花更小矣旋覆花四月開色黃花小而繁草花之酷似者又有名爲菊而絕不似菊者如僧鞋菊又名鸚哥菊色青比之僧鞋鸚哥其形絕肖但其花何嘗似菊孩兒菊其葉香婦人暑月夾于髮中去穢氣而已何嘗有花至若石菊譜中詩中皆云花比菊較大又名石竹即瞿麥也此大誤矣花中無石菊但有石竹色紫千瓣瞿麥色藕合單瓣入藥與洛陽花千瓣單瓣各種色者剪秋紗大紅及桃紅單瓣者此數種一類花皆剪絨並非菊也安得濫入史鑄譜云徧問園官總不知宜乎退于各條之末

雜著

文言　　陸贄

菊禀陰陽之和氣受天地之淳精又曰不失其時比君子之守節無競於物同志人之不爭又曰行道者象之足以建德立身者取之足以作程又曰春之交夏之候靡木不榮靡草不茂我亦抽英而擢秀商之氣冬之時無木不落無草不萎我亦發花而呈姿又曰淳和自守芳潔自持

者中之色土旺季月而菊以九月花金土之應相生
而相得者也其次莫若白西方金氣之應菊以秋開
則于氣爲鍾焉陳藏器云白菊生平澤花紫者白之
變紅者紫之變也此紫所以爲白之次而紅所以爲
紫之次云有色矣而又有香有香矣而復有態是其
爲花之尤者也或又曰花以豔媚爲悅而子以態爲
後何歟曰吾嘗聞于古人矣妍卉繁花爲小人而松
竹蘭菊爲君子安有君子而以態爲悅乎至于具香
與色而又有態是猶君子而有威儀也菊有名龍腦
者具香與色而態不足者也菊有名都勝者具色與

態而香不足者也菊之黄者未必皆勝而置于前者
正其色也菊之白者未必皆劣而列于中者次其色
也新羅香毬玉鈴之類則以瓌異而升焉至于順聖
楊妃之類轉紅受色不正故雖有芬香態度不得與
諸花爭也然余獨以龍腦爲諸花之冠是故君子貴
其質焉後之視此譜者觸類而求之則意可見矣

嘉定陸廷燦扶照氏輯

詩一

四言古

菊榮　蕭頴士

采采者菊於邑之城舊根新莖布葉垂英彼美淑人
應家之禎有紘既鳴我政則平宜爾棣崇必復其慶

其二

采采者菊於邦之府陰槐翳柳邇楹近宇彼勞者子
喧卑是處慨其莫知蘊結誰語企彼高人邑斯遐舉

其三

采采者菊於賓之館既低其枝又弱其幹有斐君子
是焉披翫良辰旨酒宴飲無算慘其仳別終然永嘆

其四

采采者菊芬其榮斯紫英黄蕚照灼丹墀愷悌君子
佩服攸宜王國是維大君是毘貽爾子孫百祿萃之

其五

歲方晏矣露落殘促誰其榮斯有英者菊豈惟春華
皓此貞色人之侮我混于薪棘詩人有言好是正直

五言古

九日閒居有引　陶潛

余閒居愛重九之名秋菊盈園而持醪靡由

空服九華寄懷于言

世短意常多斯人樂久生日月依辰至舉俗愛其名
露淒暄風息氣澈天象明往鷰無遺影來鴈有餘聲
酒能袪百慮菊爲制頽齡如何蓬廬士空視時運傾
塵爵耻虛罍寒華徒自榮歛襟獨閒謡緬焉起深情
棲遲固多娛淹留豈無成

答休上人　鮑照

酒出野田稻菊生高岡草味貌復何奇能令君傾倒
玉椀徒自羞爲君愧此秋金盞覆牙柈何辭心獨愁

和錢員外早冬禁中新菊　白居易

禁署寒氣遲孟冬菊初拆新黃間繁綠爛若金照碧
仙郎小隱日心似陶彭澤秋憐潭上看日慣籬邊摘
今來此地賞野意潛自適金馬門內花玉山峯下客
寒芳引清句吟玩烟景夕賜酒色偏宜握蘭香不敵
淒淒百卉死歲晚氷霜積惟有此花開殷勤助君惜

東園玩菊　白居易

少年昨已去芳歲今又闌如何寂寞意復此荒涼園
園中獨立久日淡風露寒秋蔬盡蕪没好樹亦凋殘

唯有數叢菊新開籬落間攜觴聊就酌爲爾一留連
憶我少小日易爲興所牽見酒無時節未飲心欣然
近從年長來漸覺取樂難常恐更衰老強飲亦無歡
顧謂爾菊花後時何獨鮮誠知不爲我借爾暫開顔

晚菊　韓愈

少年飲酒時踴躍見菊花今來不復飲每見恒咨嗟
佇立摘滿手行行把歸家此時無與語棄置奈悲何

效陶彭澤　韋應物

霜落悴百草時菊獨妍華物性有如此寒暑其奈何
掇英泛濁醪日入會田家盡醉茅簷下一生豈在多

甘菊冷淘　王禹偁

經年厭粱肉頗覺道氣渾孟春奉齋戒敕廚唯素餐
淮南地甚暖甘菊生籬根長芽觸土膏小葉弄晴暾
采采忽盈把洗去朝露痕俸麪新且細溲擣如玉墩
隨刀落銀縷煑投寒泉盆雜此青青色芳香敵蘭蓀
一舉無了遺空愧越盤存解衣露其腹稚子爲我捫
飽愧廣文鄭饑謝魯山元況我草澤士藜藿供朝昏
謬因事筆硯名通金馬門官供政事食久値紫薇垣
誰言謫滁上吾族飽且溫旣無甘旨慶焉知品味繁
子美重槐葉直欲獻至尊起予有遺韻甫也可與言

題徐致政菊坡圖　王十朋

南方有高士仁義偃王裔家山闢幽坡手取香草蓺
秋至有黃花采采滿衣袂客來酒盈樽詩出語驚世
無心學淵明偶與淵明契靜者年自長頹齡不須制
高懷耻獨樂地遠人罕詣丹青寫佳境有目皆可覩
吾家鮮鮮徑荒蕪屢經歲儒冠誤此身掛之公得計

十日買黃菊二株　王十朋

十月更十日黃花開滿枝鮮鮮如可餐采采還自疑
重陽不堪摘況後一月期既晚何用好茲言聞退之
天然傲霜性寧問早與遲不以日月斷深杯爲花持

采菊圖　王十朋

淵明耻折腰慨然咏式微閒居愛重九采菊來白衣
南山忽在眼倦鳥亦知歸至今東籬花清如首陽薇

和洪教菊　林少頴

陶令遺世情尚餘愛菊念菊亦有可愛愛之苦不厭
我觀傲霜枝真金赴烈焰道韻輕園綺孤標敵鍼奄
配以靖節名萬古不爲忝況茲中央色獨許此君占
凝然端正姿不受紅紫艷草木吾味同世情那得染
璀璨歸來辭斯言了無玷偶亦愛此花秋來朝暮饜
富貴如浮雲天地一旅店是中論饑飽本自無羸欠

便擬學淵明奈此才不贍菊資三徑荒酒須十分灩
待讀悠然句乃無雍徹借但論廣文詩瘧愈不須砭

西齋植菊過節始開呈聖俞　歐陽修

秋風吹浮雲寒雨洒晴曉鮮鮮牆下菊顏色一何好
好色豈能常得時仍不早文章損精神何用覷天巧
四時悲代謝萬物惜凋槁豈知寒鑑中兩鬢甚秋早
東城彼詩翁學問同少小風塵世事多日月良會少
我有一樽酒念君思共倒上浮黃金蘂送以清歌裊
爲君發朱顏可以却君老

甘菊　司馬光

野菊細瑣物籬間私自全徒因氣味殊不爲庖人捐
采升白玉堂薦以黃金盤願若南陽守永扶君子年

晚食菊羹　司馬光

朝來趨府庭飲啄厭腥膻況臨敲朴喧憒憒成中煩
歸來褫冠帶杖屨行東園菊畦濯新雨綠秀何其繁
平時苦目痾滋味性所便采擷授廚人烹瀹調甘酸
毋令姜桂多失彼眞味完貯之鄱陽甌薦以白木盤
餔啜有餘味芬馥逾秋蘭神明頓颯爽毛髮皆蕭然
乃知愜口腹不必矜肥鮮嘗聞南陽山有菊環清泉
居人飲其流孫息皆華顛嗟余素荒浪強爲簪綬牽

何當緝敝廬脫畧區中緣南陽句嘉種蒔彼數畝田
抱甕親灌溉爛漫供晨餐浩然養恬漠庶足延頹年

菊　蘇洵

騷人足奇思香草比君子況此霜下傑清芬絕蘭茝
氣稟金行秀德備黃中美古來鶴髮翁餐英飲其水
但恐蓬藋傷課童加料理

咏蘇子美庭中千葉菊　梅堯臣

生與衆草生不與衆草榮彼皆春爭葩玆獨秋吐英
千葉共一萼百蒂共一莖幽亭聳扶踈獨本非揹撐
吾友蘇子美有酒對自傾香隨青陵蝶色映黃金鶯

昨日偶來過頗與陶令情

次韻和原甫陪永叔景仁聖徒飲余家題庭

中枯菊之什　梅堯臣

九月車馬過我庭黃菊鮮重來踰七旬枯萼無復妍
自非凌霜撚枝葉徒相連衰敗未忍去根荄尚翹然
不意憔悴叢猶爲君子憐固值時節晚豈恨地勢偏
直如木上蘿緣蔓欲到天一朝風雪厲零落向暮年
至此事乃等高低復何言公休誇松栢彭祖與顔淵
各不相健羨焉能論桑堅願公時飲酒周孔今下泉

菊　梅堯臣

野菊生秋澗芳心空自知無人驚歳晩惟有暗蛩悲
花開澗水上花落澗水滑菊衰蛩亦蟄與汝歳相期
楚客方多感秋風咏江蘺落英不滿掬何以慰朝饑

甘菊　　梅堯臣

越山春始寒霜菊晚愈好朝來出細蕋稍覺芳歳老
孤根蔭喬松獨秀無芳草晨光雖照耀秋雨未摧倒
先生臥不出黄葉紛一埽無人送酒壺空腸嚼珠寶
香風入牙頰楚些發天藻新英蔚已滿宿根寒不槁
揚揚弄芳蝶生死何足道頗訝昌黎公恨爾生不早

謹和相國屋上叢菊　　梅堯臣

屋上有叢菊結根深瓦縫既無地勢美又乏土力擁
乃因塗明生不由人所種亦能應節開焉取入公用
公來步廣庭閒雁目始縱忽見粲然英降植合嘗從
賓僚席其傍咏玩意已重物莫厭僻遠會遇良可頌

十日菊　　孔平仲

昨日酒中花今日籬下草馨香尚未改棄置一何早
怨泣露華濕世情安可保

和聖俞庭菊　　蘇舜欽

不謂花草稀實愛菊色好先時自封植坐待秋氣老
類粧翠羽枝已喜金靨小嚴霜發層英益見化匠巧

搖疑光艷落折恐叢薄少一日三四吟一吟三四遶
賞專情自逃美極語難了得書所賦詩爛漫感懷抱
朗吟償此花心清爲之倒

問司馬君實不飲栽菊　江休復

君實不飲酒庭下多栽菊不知黃花開奈此盃中綠
凌晨烟露滋後日風霜促欲表君苦心宜種子猷竹

叢菊頗有開意戲題　李綱

愛菊如淵明憑欄惜花晏朝來有開意嫩蕋肥欲綻
願承玉露溥一吐金英粲臨風嗅馨香爲爾發三嘆

菊花開日卽重陽　李綱

南方氣候殊有菊卽重陽九日今已近青蘂未可嘗
安得黃金花泛此白玉觴會當爛漫開爲插滿頭香

重九後三日後圃黃花盛開坐客有論近世

菊品日繁未經前人賦咏惟明道嘗賦桃花

菊外此無聞焉因與第其品之稍顯者各賦

一品余探題得桃花菊　魏了翁

南陽有佳人被服長修姱黃中粲有章秀外青無花
朝飲晉柴桑夕餐楚長沙惟與高人處恥作流俗夸
元都有俗士品格固爾差遺之以瀋沐强欲相塗搽
南陽笑謝遣于此我何加游女蕩春風漁人眩紅霞

爾比子于是豈欲相疵瑕卿自用卿法吾亦愛吾家
寄聲謝程子爲我删此花

寄題尚撫州采菊亭　范成大

一葉起秋色衆綠凋歲華耿耿霜露側餘此黃金葩
西風滿天地孤芳照塵沙殷勤開小築花氣日夕佳
落英楚纍手東籬陶令家兩窮偶寓意豈必真愛花
不如亭中人一笑了天涯采采勿虛度門前欲高牙

陶靖節人品甚高晉宋諸人所未易及讀其詩可見胸次灑落八窗玲瓏豈野馬遊塵所能棲集也前建安丞張公精力未衰卽掛冠家於瀏陽有年矣葺小圃爲亭而南山來求余名余名之曰采菊取靖節所謂采菊東籬下悠然見南山嗚呼靖節興寄深遠特可爲識者道耳　張栻

陶公千載人高標跨餘子豈無濟時念斂藏獨知止
歸來臥衡門無慍復何喜九日天氣佳東籬擷芳蕊
舉頭見南山佳處正在此地偏心則遠意得道豈否
張侯謝銀魚築室娛燕几小亭才尋丈景物自新美
頗聞雙瞳清亦復強步屐不妨數登臨倚杖看雲起
高咏悠然篇飛鴻送千里

陶淵明云三徑就荒松菊猶存葢以菊配松也余讀而感之因賦此詩　陸游

菊花如端人獨立凌氷霜名紀先秦書功標列仙方紛紛零落中見此數枝黃高情守幽貞大節禀介剛乃知淵明意不爲泛酒觴折嗅三嘆息歲晚彌芬芳

小飲賞菊　陸游

菊得霜乃榮性與凡草殊我病得霜健每却稚子扶豈與菊同性故能老不枯今朝喚父老釆菊陳酒壺舉袖舞翩躚擊缶歌嗚嗚秋晚遇佳日一醉詎可無

次韻龍仁夫種菊　俞德鄰

憂來感人心把菊行東籬悠然南山句憶此删後詩詩亡絕遺響菊在餘幽姿麟洲有達士與菊心相期左揖隆中老右揖綿上推泛此忘憂物聊以供我私真樂未易識勝事空自知金風摵摵鳴金英發發垂

菊　陳與義

黃花不負秋與秋作光輝夜霜爲作祟朝日爲解圍今晨豈重九節意入幽菲孤芳擅天地衆卉亦已微殷勤黃金靨照曜白板扉沽酒欲壽花孔方與我違靜坐絕省事未覺此計非夕英豈不腴驟人自難肥

菊　高文虎

菊載神農經不見詩三百周官敘鞠衣一言僅可摘
黃華紀呂令落英餐楚客伯始飲得壽桐君書採擷
移根候萌動需時當甲拆我羨栗里敢希履道宅
不種兒女花朱朱與白白閱譜品雖多求栽地恐窄
揠苗助其長抱甕滋以澤朗咏黃為正流播風騷格
寒香紫茁蘭晚節桐柯栢相繼早梅芳一笑延簷索

次韻鄭使君白菊　周紫芝

平生鄭康成不種花嬋娟但聞書帶草羅生滿堂前
隹菊若解事殷勤為公妍紅油護霜日一笑真嫣然
秋風轉寒枝束素爭回旋團欒立芳砌皎若碧月圓

使君頗牧手年來出臨邊燕衎自折衝賓從時招延
苦愛白玉姿臨風嗅芳鮮揚州東閣梅自此復誰憐
安得白雪詞寫入朱絲弦淵明眼獨醒載酒知誰先
騷人茹精蘂世塵聊自蠲幽姿倏已空二士窮益堅
人生五馬貴行樂須何年絕勝杜陵老江花惱成顛
才名與富貴似公真兩全新詩如脫彈一出萬口傳
鋒車行復來琬琰殊未鐫且當對香雪燕寢凝沉箋

題采菊圖二首　韓駒

黃菊有何好且寄平生懷遇酒興不淺無酒意亦佳
此理誰復明自昔寡所諧空餘采菊圖寂寞懸高齋

其二

今日菊始華叢鴈鳴相和若無一觴酒如此重九何

悠然數酌盡會心豈在多醒來不復記散髮東山阿

菊苗　　彭汝礪

重陽黃菊花零落殆無有微陽動淵泉嫩葉出枯朽

靑靑好顏色寂寥霜雪後物理如轉環開花豈其久

其二

盛衰各一時何足競先後彼花以無情能並天地久

物理如轉環昔𠂋乃今有眷言籬邊菊根葉未終朽

菊叢　　張耒

下根盤秋泥上葉披宿雨惟餘黃金蘂秀色日夜吐

寧須薦九日但惜歲行暮吾將屑落英特走蘭皐路

采菊　　韓　竹坡

擷我百結衣爲君採東籬半日不盈掬明朝還滿枝

悠然何處是千古正如斯

十日菊　　謝翺

今日非昨日尚覺秋英好明日異今日秋英詎云早

所以惜芳人采擷常貴少而彼千載士憐爾獨皎皎

白菊　　朱德潤

睎霜敷朝榮零露挹夕槁千載且復然一夕寧恨老

退官陶靖節送酒白衣來黃花厭土色化爲淸白栽
寒香當獨酌晚節共徘徊籬邊無俗客甕下有餘醅
九日百年醉一生能幾回

對菊　鄭剛中

淵明不可作遺芳落天涯幽香抱孤蕋正色敷金葩
眷言出俗韻寒透方相宜南方十月溫不見落葉飛
江氛與嶺祲負此傲霜姿向晚過微雨月波湛明輝
風高便覺好獨酌臨東籬對之不須寐要看淸露滋

十月十日偕同館賞菊　孫陞

斗杓指孟冬寒氣日以肅高會敞華軒猶茲見黃菊

曄曄當廣筵涓涓出塵俗挺挺雨洊滋盈盈露堪掬
良朋共追賞飛觴泛醽醁劇談散幽襟日夕仍秉燭
嗤彼桃李姿春風競妍郁弱質隨衆草委謝一何促
泠然悟至理俛仰傷蓄縮願厲凌霜操同心振芳躅

采菊　吳景奎

爽氣浮西山風烟淡原隰悠然出衡門佳節逢九日
衆草凄以淸黃菊正秋色采之不盈把如意良自得
謂能制頹齡可泛忘憂物歡言命壺觴萬事付酣適
永懷東籬人俯仰已陳迹

檢校菊吟　范梈

徘徊東籬月歲晏有餘悲

咏菊　熊禾

廬峯幾千仞中有雲一龕幽幽遯世人誅茅結爲菴
我嘗造其間追尋亟出採山中滿蘭蕙谷口羅松杉
更有藥圃畦種菊杞與甘療疾還延年未數菊水潭
百年未云久澗草空毿毿我居北澗北子住南澗南
偶然此鄰並妙處誰能參古來種菊人秖言晉陶潛
當年移南村北地何所耽亦曰素心人可與共晤談
云何舍之去我懷殊未諳八表方停雲處處逃征驂
何如且歸來理此荒徑三歲晚永爲伴青松冠前巖

唐人愛牡丹末俗亦易酣保此霜下傑毋令淵懷慚
萬古晉徵士可使頑夫廉題作柴桑人綱目書法嚴
我欲質巾几白雲滿虛簷

野菊　郝經

乾坤入消數萬物呈晚節秋晏菊始華荒叢翳林樾
野逈幽姿清岡斷寒艷接緑蟲胥青苞啼螿抱枯葉
瀼露積玉華層層擁金屑我欲摘以盃飲之濯中熱
霜裁郁高標胡與荒穢列嗟爾夷惠儔玉質難變滅
不謂無人看便使幽香歇安得老瓦盆坐對澆古月

題胡氏存菊堂　傅與礪

素商薄庭戶豐草日以萎晨興顧林薄百卉無復遺
叢菊依前除遲暮獨相依清飈振綠葉零露發幽姿
淹留諒有俟晏盛非所期對此時物佳欣然賦新詩
嘉賓旣在門有酒復盈巵日暮採其英斟酌及兹時
四序委元化焉知榮與衰

寄題上饒鄭氏菊莊　揭傒斯

上饒多隱者鄭氏善爲方移居倪陽里種菊今成莊
近取徧吳楚遠求至帝鄉品類百十餘顔色不可常
漑以玉井泉樊以柳與楊晨興即造之不憂露沾裳
有時忘饑渴餐之以爲糧門無催租吏家有白玉郎

花前撫鳴琴花下列壺觴興至輒痛飲飲罷臥其傍
自謂得菊趣不知與菊忘但恐秋景晏繁露結爲霜
盆盛虛室中虛室仍向陽重簾護夕氣疏牖逗朝光
亂以青蒲　水石儼成行重得隱者心不辱桃李場
玩物安足計歲晚託餘芳

采菊　周如磐

高秋凜秋色百草遜萎黃嘉彼東籬英參差挹露光
采之不盈掬悠然傾我觴杖策寄事外仰視歸鳥翔
會心水木間獨坐以徜徉

題秋菊軒　王紱

九月霜露零秋氣已云肅草木盡凋瘁而有籬下菊粲粲如有情盈盈抱幽獨我欲餐其英采之不盈掬呼兒具鷄黍白酒正可漉素心二三人於焉敍心曲陶然付一醉萬事亦已足咏歌柴桑詩千載想遐躅

野菊　陳高

埜菊生籬下開花一何遲晨霜白滿野金英粲離離幽香空自媚佳色無人知不如桃與李花發正逢時

菊　何中

菊花如幽人梅花如烈士同居氷雪中標格不相似道里阻荒寒故人萬里餘菊枝倘可折持以寄遠書

和陶淵明擬古　戴良

墻頭有叢菊粲粲誰復採蹉跎歲年晚香色日以改我欲一往問瀰瀰阻烟海遥知霜霰繁莖葉不余待亦既輕去國已矣今何悔

菊鄰　高啟

菊本君子花幽姿可相親清秋發孤艶似避東風塵采采霜露餘繁英正鮮新車馬不過賞相看但幽人幽人苦愛菊自是柴桑倫閑園誰與語蓺栽四爲鄰入徑朝摘遠循籬暮觀頻一壺毎對酌折花插盈巾殊勝處俗里歌呼醉讀嗔

菊窻　張羽

種菊南窻下草盛菊苗稀嘗恐隨蕭艾芬芳永無期四運相催廹嚴霜百卉腓依依三徑中亭亭見高姿微芳從地起朝露濯其枝銜觴泛九華歡言賦新詩因之感中懷物理貴及時顧當盛夏月那復知有茲衰榮更代謝天道不我欺且當委窮達一醉不復疑

種菊　徐賁

蕭條齋舍前隙地頗高爽茲焉倦耘鉏而乃成廢壤邇來學種菊始爲驅草莽掩冉籬落間枝葉紛以長雖煩灌溉勤亦藉雨露養秋香固所悅晚節益可仰匪曰表隱名聊以備幽賞

對菊有感　姚廣孝

百艸競春色惟菊以秋芳豈不涉寒暑本性自有常疾風吹高林木落天雨霜誰知籬落間弱質懷剛腸不怨歲月暝所悲廹新陽永歌歸去來此意不能忘

分菊　姚廣孝

嗜菊詎成性仍非慕前修籬邊夏雨足芳叢生已稠分蒔攜短鍤溉灌戽清流白黃因藥　間列自成幽英後百卉落苗隨衆草抽不有今日勞那得慰深秋

題章元益愛菊亭卷　李東陽

種花不種菊物玩志不持學詩不學陶雖工亦奚爲
隱者丘壑情幽芳氷雪姿陶翁昔愛菊此與固其宜
章君本宦達斂跡東江湄林居絶衆卉愛此黃葳蕤
居以花爲鄰行以書自隨飄搖北風外嘯詠南山詩
南山何崔嵬下有荆棘枝棘多損我花路遠我勞思
何當薙荒穢永與塵埃辭茲願必終遂坐待秋風時

涇上觀菊　王問

涇上一老人愛菊如愛稼踏葉到林丘散襟茅茨下
青柯吐芳英采采漸盈把瞻言五色姿陽春似相假
晚節良可親予懷自舒寫有物苟會心那辭在荒野
歲晏不可留柴車夙云駕奕奕車馬客誰解閒行者

九日題菊　王問

青柯發金英盈盈我庭下移置燕坐隅素懷自欣寫
秀色映襟袂寒香落杯斝儼焉正士俱相與揖讓者
無意龍山飲歸來遁荒野秋風此敝廬疇謂幽事寡

題甘泉菊坡　王守仁

我聞甘泉居近連菊坡麓十年勞夢思今來快心目
徘徊欲移家山南尚堪屋渴飲甘泉泉饑餐菊坡菊
行看羅浮雲此心聊復足

維南有佳菊　胡翰

東林生玉樹西畹生蘭翹懿此葳蕤茂感彼芸黃凋
采爲仙人食千載通一朝金童酌霞醴神女彈雲璈
顧視西王母翠髮如陵苕

菊圃　譚元春

愛菊待佳花艮非知菊人微雨過秋色遠含重九神
有韻卽堪對黃白非所論除草疎餘塊澆剔當必身
螟螣胡爲來捕殺於其晨旣害我田稺傷菊罪惟均
感此不能去籬邊行數廵計到花開後蹤跡難具陳

咏盆菊　董其昌

衆芳豈不妍秋英自清絕意與幽人會標名霜下傑
容以桃李顏艷彼茱萸節翩翩五陵子佳色紛相悅

積紫照朱茵堆黃象金埒賞韻一以乖籬堵寧辭拙
亭亭盆中菊偏承美人擷香分甘谷幽色借冰壺潔
對此讀離騷心魂坐瑩澈悠然見西山孤峯正嵚巕

擬古　唐時升

白露裛黃華朝來行采采服以制頹齡容色常不改
眷眷欲遺誰所思隔雲海馨香日夜衰含情更難待

東皐種菊詩贈稼軒給諫　錢謙益

菊以黃爲正君子正其名所以東坡老欲埽紫與頳
東皐千株菊畦圃旰未經單心複纓枝千葉弁萬鈴

庶以說耳目何用攙品評節物苟如此敢與時好爭
高咏南山詩悠然想淵明

其二

君耕東皐田復種東籬菊王績與陶潛俯仰共一屋
東皐黃花時悵望節候獨陶令苦乏酒辜負葛巾漉
羨君浣溪堂秋菊粲盈目有花復有酒開筵招近局
何須嘆荒寒已許占清福酌酒酹兩賢如農祀先穀

其三

種菊東皐上所喜秋露瀼移檻復列斛馥郁開草堂
叢菊如羣賢不雜屠沽行其中高秀者黃衣傲風霜

對之不敢媟肅拜陳壺觴君爲醒無功我似瘖子光
秋光淡如菊燕靜彌芬芳老圃良足學晚節安可忘
旨哉東皐詩山菊秋自香

其四

胡廣患風疾休沐飲菊水八十猶克壯侍母謝杖几
庸庸撓大議公台負譏毀惜哉神仙藥遺穢等馬矢
靈均餐落英早沉汨羅死安知椒蘭徒壽考非伯始
種菊愛其芳紛紛且休矣不如飲君酒共醉寒香裏

和牧翁東皐觀菊　程嘉燧

去年集西園繞簷數本菊今年集東皐粲粲黃金屋

翹然殿衆芳森矣媚幽獨華觴既見命濁醪勝新漉
久服云輕身小毀亦明目遠緜高陽會近邀鷄黍局
老圃幸有秋塞翁豈非福饑之可爲糧用此豐年穀

其二

佳節當重九舉世貴其名茲花獨秀出衆卉皆含頳
餐英挹墜露聞之離騷經陋彼緜華子施障仍掣鈴
飄飄黃冠者姚魏孰敢評穆然來淸風高與南山爭
對之復不飲能無媿淵明

其三

甘谷產芳菊其下酈陽水飲之壽百歲飛步却杖几

溷蒙胡公辱千載貽譏毀豈無史魚儔直哉但如矢
同凜霜下傑何討道旁死自沉促靈均苟祿延伯始
富貴何有哉賢佞共盡矣不見紫與朱綠衣乃黃裏

其四

黃花久矣數零露朝以瀼煌煌丘園姿羅列君子堂
舟車咸來臻肴炙紛成行良辰夜何其白露凝朝霜
主人更爲壽累稱千金觴追隨飛蓋遊徘徊明月光
華燈已代炧襟袖猶攜芳菲菲芝蘭側漸久意已忘
申章咏佳什拂坐流寒香

野菊　王建

晚豔出荒籬冷香着秋水憶向山中見伴蛩石壁裏

對菊　賈島

九日不出門十日見黃菊灼灼尚繁英美人無消息

對菊　鄭思肖

天風吹古秋獨立殿寒馥我父昔愛之終身不忘菊

其二

受命太極前立身晚秋後一朝揚清香名動天下口

番菊　汪膺

奇葩豈絕域穠豔恣幽寵却笑博望侯空帶蒲萄種

對菊　王養正

仙人授錦囊中有百年草本是駐顏丹人間不知寶

莊菊　林誌

別業依南山投閒忽成趣白露朝欲晞黃花滿籬戶

其二

餐英慨前修采之恐遲暮苦無三徑資眷此歸來賦

菊蹊　高啟

獨行林下路望望南山暮無酒掇英嘗寒香已零露

詠白菊　王宗沐

皓月照孤英素影抱寒石應非為世姿洗盡繁華色

采菊　謝榛

籬下黃金花幽人時復采滿天霜露寒莫待秋客改

菊　吳國倫

銜杯覩叢菊種異香亦異綽約霜露姿形神兩相寄

五言排

詠夾徑菊　薛能

夾逕盡黃英不通人並行幾曾相對綻元自兩行生叢比高低等香連左右并畔摇風勢斷中夾日華明開隔蛩吟隔交横蝶亂横頻應泛桑落摘處近前楹

恩門小諫雨中乞菊栽　鄭谷

握蘭將滿歲栽菊伴吟詩老去慵趨世朝廻獨繞籬

遍香風細細澆綠水瀰瀰秪共山僧賞何當國士移孤根深有托微雨正相宜更待金英發憑君插一枝

南海使院對菊懷丁卯別墅　白居易

何處曾移菊溪橋鶴嶺東籬疎還有艷園小亦無叢日晚秋烟裡星繁曉露中影摇金澗水香染玉潭風罷酒慚陶令題詩答謝公朝來數花發身在尉陀宮

和令狐相公玩白菊　劉禹錫

家家菊盡黃梁園獨如霜瑩淨眞琪樹分明對玉堂仙人披鶴氅素女壓紅粧粉蝶來難見麻衣拂更香面風摇羽扇含露滴瓊漿高艷遮銀井繁枝覆象床

桂叢蘭並發梅萼妒先芳一入瑶華咏從茲播樂章

贈朱遜之　蘇軾

黃花候秋節遠自夏小正坤裳有正色鞠衣亦令名
一從人僞勝遂與天力爭易性寓非族改顏隨所令
新奇既易售粹駁定相傾疾惡逢伯厚識眞似淵明
君言我所印世論誰改評願君爲霜風一歸紫與賴

樞密王左丞宅新菊　錢惟演

賀燕翻飛地靈芳逐茂時陰連桃李徑潤接鳳凰池
夕照輝金蘂輕風拂翠莛露珠淸自浥烟素引還披
西顥霜雖勁南榮暖更滋擷芳多楚澤得地勝陶籬
味可登蘭藉香應奪桂旗願公長却老宴寢奉瓊巵

前題　楊億

中樞多暇日小圃占秋光雕玉新成檻繁金乍泛觴
陶籬侵柳色羅宅掩蘭芳芝影連虛室萱聲接後堂
傅巖猶借雨庾嶺未飛霜溫樹偏分蔭芸籤亦鬭香
交枝迷露井墜葉點橫塘桐籙知延壽千齡奉紫皇

前題　劉筠

東閣留佳客寒葩艷晩光秋風自蕭瑟台座對熒煌
麗奪雙南價淸含九畹香嗛山霜薦味太液鵠分裳
已助蜂成蜜還隨蟻泛觴俯臨揮艾綬佩服間萸房

節物傳荆俗詩情掩謝塘更期松偃葢永奉太清方

前題　李繼

青規前席暖歸沐與何長北第秋將晚東籬菊正芳
幽叢霏薄霧桂邑艷輕霜已近黃金印兼臨白玉堂
甘疑掩萍實秀肯讓芝房有佞還應指無憂可要忘
葅浮丞相酒氣襲令君香好固松椿壽仙經識秘方

九日山園小宴取五柳公采菊東籬下爲韻
賦詩侑觴　段克已

世無李元禮誰容孔北海長歌歸去來籬菊無人采
古來賢哲人餓死塡空谷清杯幸不空且醉籬邊菊

風雨山城暮黃花自滿叢幽懷若爲寫正要玉西東
愛菊陶元亮持杯對菊枝醉時推客去猶復有藩籬
饑餐秋菊英采采不盈把日落西山昏獨坐衡門下

寄題楊敎授菊莊　揭傒斯

歸人種菊處乃在東海湄幽香發清眞正色間奇葩
百種猶未愜千株寧足多寒分石橋月晴通赤城霞
特起表陰阤羅生驍陽阿門巷掩蒿萊荒徑絕經過
飲露咀其英孰知年歲遐

霜菊　席夔

時令忽巳變行看被霜菊可憐後時秀當此凛風肅

淅瀝翠枝翻淒清金蘂馥凝姿節堪重澄艷景非淑
寧袪青女威願盈君子掬持來泛尊酒永以照幽獨

移菊　何中

僅得林間趣閒尋菊本移人家深竹裏楓葉夕陽時
汲井澆畦潤將鉏下手遲護叢愁蘂損帶土怕根知
每被歸樵鬪深憐冷蝶隨寒香生徑術幽事補灣碕
斗柄西北落鴈聲霜露垂徘徊繞叢畔自笑可能癡

賦得秋菊有佳色　公乘億

陶令籬邊菊秋來色轉佳翠攢千片葉金剪一枝花
蕋逐蜂鬚亂英隨蝶翅斜帶香飄綠綺和酒上烏紗

散漫搖霜彩嬌妍漏日華芳菲彭澤見稱更在誰家

賦得秋菊有佳色　馮夢禎

佳節麗重陽名花試晚香托根依玉砌布葉近蘭房
萬族俱凋翠孤標獨傲霜光遙金菌菡影伴紫鴛鴦
向日全呈彩裁霞半吐黃映衫分杏子結佩雜萸囊
入釀新傳譜餐英舊著方制齡悲冉冉浥露想瀼瀼
桃李真非類芝蘭許並芳取將籬下色聊佐百年觴

秋暮庭菊紛馥　蔡汝楠

萋陰布中庭暉藻揚時暮家沉羣卉傷眷戀孤芳駐
宵露凝華滋晨旭照寒素香浮上賓筵影湛清幽臥

乍見落英繁彌憶淸秋度欲致山中贈緜邈蒼江路

五言律

摘園菊贈謝僕射舉　王筠

靈茅挺三脊神芝曜九明菊花偏可喜碧葉媚金英
重九唯佳節抱一應元貞泛酌疑長久聊薦野人誠

賦得殘花菊　唐太宗

階蘭凝曙霜岸菊照晨光露濃晞曉笑風勁淺殘香
細葉彫輕翠圓花飛碎黃還將今歲色復結後年芳

秋菊　駱賓王

擢秀三秋晚開芳十步中分黃俱笑日含翠共搖風
碎影涵流動浮香隔岸通金翹徒可汎玉斝竟誰同

菊　駱賓王

可嘆東籬菊莖疎葉且微雖言異蘭蕙亦自有芳菲
未泛盈尊酒徒沾清露輝當榮君不採飄落欲何依

菊　李商隱

暗暗淡淡紫融融冶冶黃陶令籬邊色羅含宅裏香
幾時禁重露實是怯殘陽願泛金鸚鵡升君白玉堂

九日陪令公登白樓詠菊　盧綸

瓊尊猶有菊可以獻留侯願比三花秀非同百卉秋
金英分蕋細玉露結房稠黃雀知恩在銜飛亦上樓

咏菊　李嶠

玉律三秋暮金精九日開榮舒洛媛浦香泛野人杯
靃靡寒潭側丰茸曉岸隈黃花今日晚無復白衣來

菊　羅隱

籬落歲云暮數枝聊自芳雪裁纖蘂密金拆小苞香
千載白衣酒一生青女霜春叢莫輕薄彼此有行藏

白菊　張蠙

秋天木葉訖猶有白花殘舉世稀栽得豪家却畫看
片苔相應綠諸卉獨宜寒幾度携佳客登高欲折難

菊　僧無可

東籬搖落後密豔被寒催夾雨驚新拆經霜忽盡開
野香盈客袖禁蘂泛天杯不共春蘭並悠揚遠蝶來

九日菊花咏應制　僧廣宣

可訝東籬菊能知節後芳細枝青玉潤繁蘂碎金香
爽氣浮朝露濃滋帶夜霜泛杯傳壽酒應共樂時康

萬年厲員外宅賞殘菊　顧非熊

纔過重陽後人心已爲殘近霜須苦惜帶蝶更宜看
色減頻驚雨香消恐漸寒今朝陶令宅不醉却應難

病中朱諫議惠甘菊苗　姚合

蕭蕭一畝宮種菊十餘叢採摘和芳露封題寄病翁

野菊未嘗種秋花何處來羞隨衆草没故犯早霜開寒蝶舞不去夜虫吟更哀幽人自移席小摘泛清杯

和張二少卿丈白菊　邵雍

清淡曉凝霜宜乎殿顥商自知能潔白誰念獨芬芳豈爲瓊無艷還驚雪有香素英浮玉液一色混瑶觴

晚菊　范純仁

幽叢有佳色不必趂時開冷艷霜仍借清香蝶自來晚香情愈重醉賞目先回且伴芝蘭秀休嗟暮景頹

對菊有懷郎祖仁　孔平仲

庭下金鈴菊花開已十分多情能惠我對酒獨思君秀色三秋好清香一室聞扁舟今夜雨何處宿江雲

重陽席上賦菊花　陳襄

折菊東籬下擕觴爲燕遨閑情秋後放幽艷靜中高九日陶公酒三閭楚客騷及時須採掇恐使藥蓬蒿

白菊　鄭剛中

春信恐輸梅籬邊趂早開素心甘冷澹秀色背塵埃眼老書慵看官閑吏不催煩君助幽勝小插爲擕來

答朱寺丞惠千葉桃花菊　蘇頌

分得穠華質依然苦蕊香繁紅如上苑密蕋勝南陽不用尋根藥須留過雪霜殷勤送東閣聊薦百年觴

楊妃菊　陸希澄

含笑向籬旁花叢似洞房露濃新出浴霜薄淺成粧
尚帶霓裳色猶存輦路香故令千載下還許侑瑶觴

蠟梅菊次韻周仙尉　聞人善言

蠟前曾弄色秋晩更包黃昔認蜂攢蜜今看蝶戀香
輩流雖易處名氏却同鄉會見成功女還思九日觴

閏月見九華菊　翁龜翁

衆草已枯霜墻陰獨自芳旋開三四蘂知爲兩重陽
酒恰今朝熟花多一月香又經風雨後得爾慰凄凉

採菊　李建業

簇簇竟相鮮一枝開幾番味甘資麴糵香好勝蘭蓀
古道風揺遠荒籬露壓繁盈筐時採得服餌近知門

秋夜對菊獨坐　張輔之

誰花兼五美並列小齋前露下金英發霜間紫蒂鮮
百杯懶陶興一束引彭年秉燭光揺影寒香意獨憐

催菊　狄斯彬

東籬何寂寞空負蝶飛來陶令歸與久黃花安在哉
秋容愁未破羯鼓喜相催曾向天工祝須教頃刻開

白菊　許棠

所尚雪霜姿非關落帽期香飄風外別影到月中疑

發在林凋後繁當露冷時人間稀有此自古乃無詩

十月菊

地偏開較晚風動可能禁雨漬金英淺寒添紫暈深
抱叢無晚蝶窺蘂有貞禽留待飄零後梅花約重尋

廣陵對菊簡朱侍御子禮　袁袠

官衙無一事買菊種幽軒留滯非吾意相看豈故園
金英團露滿碧葉受風翻獨酌懷仙侶無由與晤言

禎祥詩　余闕

舊花已萎絕新花乃再芳都緣秉金氣特解傲司藏
旖旎生殘馥葳蕤出故房應憐蕙草質摧頹委微霜

觀菊　張養浩

始旦起觀菊滿籬金翠明色嚴霜亦懼香盛世皆清
凜有英雄氣泊無兒女情柴桑與吾土元自不多爭

九月十八日黃菊始開時值禁釀

蒲道源

苒苒秋事杪幽叢花始黃直取彫衆卉纔許見孤芳
重露洗金質嚴風吹綠裳陶翁如有酒何日不重陽

白菊　劉因

仙草尚孤潔東籬菊未芳精神渾似露氣勢已長霜
夜月藏不得晚風吹更香天教陶靖節素髮與輝光

石湖方勸譜栗里漫開園請看東籬下成蹊豈待言

其三

孤標霜莫祟弱質露多恩爲問重陽月誰言芍藥尊

品奇千里致根老隔年存千古知心地蕭蕭五柳門

其四

黃菊眞宜晩霜寒色轉鮮栽培元得地服食擬登仙

丹粉休論色笙歌別有天杜陵憔悴客相伴草堂前

賦得席上菊　宗臣

一枝吾在把不必向籬東秋色近相媚寒香夜可終

酒家疑泛白燭滅似愁紅好爲攜懷袖玄霜下遠空

十日對菊　虞堪

撚花悲節過無酒愁無懽客裏情懷惡江頭風雨寒

楊雄空識字陶令苦辭官荆璞應難抱牙琴欲罷彈

十月取野菊從酒　戴昺

野徑菊仍好村爐酒亦嘉未應今日蕋便是背時花

心在家千里身猶客九華官程難久駐風雨暮山斜

菊村　頓銳

一官花作縣三徑菊爲村霜重英堪掇秋高蔟正繁

寒香標節物冷艷滌囂煩懶問城中事經年不到門

藝菊　陳璡

偶愜陶公興分苗和土培疎籬隨意補曲徑恰宜栽遲暮三秋感芳菲九日開還將桑落酒重泛竹根杯

對菊小集次韻張頂山　駱文盛

高城木葉下采采菊初黃南客深秋思西堂此日觴檻雲低送色檐月淨浮香好似元孫侶伊瀍興不忘

紅菊同何大復席上分韻　韓邦靖

紅菊移時晚開花近北堂枝枝穠向日葉葉翠含霜細雨幽人宅晴雲妃子粧酒酣一把玩飄泊嘆秋光

買菊　李日華

杪秋纔一日買菊已三秋黃紫初相映高低各互持

倒樽香欲入囊枕夢應遲風雨南窗下閑箋彭澤詩

寺夜看瓶菊　吳鼎芳

分取東籬色磁瓶曉更宜香深攜伎處艷冷著燈時夜久僧還對秋深蝶不知莫教歡賞地風露正淒其

九日夜集　宋登春

白酒映樽空黃花浥露濃微歌來衛女扶醉有巴童香霧沉蘭閣晴烟駐桂叢海風吹月上移席小闌東

十月菊　張獻翼

佳色滿東籬重陽物候遲黃花青女節綠酒白雲期開逕陶公興餐英楚客詞疎林秋不謝猶是採香時

菊山詩贈吳興黃君　柯九思

菊[illegible]逢秋放山居可醉眠落英歆石冷佳色傍雲鮮舊摘烟蘿外新裁水竹邊思君多道味何日共攀緣

荆門舟中見菊偶成　李流芳

江路重陽月荒城菊未花一枝今始見小摘向人誇研水添生意鄉心對物華遥憐開爛漫濁酒過鄰家

郎席賦露中菊　朱灣

衆芳春競發寒菊露偏滋受氣何曾異開花獨自遲晚成猶有分欲採未過時忍棄東籬下看隨秋草衰

吳明府送菊次韻答之　陳獻章

黃菊有名花淵明無酒官酒多人自醉花好月同看老未厭人世天教共歲寒未應携不去高步蓬萊山

菊畦　申時行

誅茅疏野徑種菊擬山家秀擢三秋幹奇芬五色葩凌霜留晚節殿歲奪春華爲道餐英好東籬與獨賒

冬菊　袁宏道

衆芳無不改籬菊晚猶開護葉多編竹憐香自剪萊驚心寒節破載酒故人來忽憶東籬叟狂歌試舉杯

邀友于使院園亭觀菊　王世貞

小閣餘幽賞西風菊數枝徑延三益近花殿衆芳遲

薄祿猶能釀微名懶自持王弘郡齋好籃轝倘相隨

題菊　張以寧

艸木已衰萎時菊方敷榮林空晚色淨日暮孤烟横
仰蔭修竹枝俯挹蒙泉清歲月忽復易採擷傷吾情

閏九月張用文宅賞菊　張以寧

紅芳驕白髮素質笑青娥晚色濃還淡秋香寒更多
賞心能幾許哀節欲如何安得長逢閏年年兩度過

五言絶

菊　杜甫

每恨陶彭澤無錢對菊花如今九日至自覺酒須賒

將赴湖州留題亭菊　杜牧

陶菊手自種楚蘭心有期遥知度江日正是擷芳時

折菊　杜牧

籬東菊徑深折得孤自吟雨中衣半濕擁鼻自知心

和張尹憶東籬菊　李端

傳書報劉尹何事憶陶家若為籬邊菊山中有此花

黃菊灣　顧況

時菊凝曉露露華滴秋灣仙人釀酒熟醉裏飛空山

新菊　姚合

黃金色未足摘取且新嘗若待重陽日何時異衆香

詠菊　徐鉉

細麗披金彩氛氳散遠馨泛杯頻奉賜緣解制頹齡

十月菊　薛瑩

昨夜樽前拆方人酣曉光今朝籬下見滿地委殘芳

咏菊　陳叔達

霜間開紫蒂露下發金英但令逢採摘寧辭獨晚榮

叢菊　石延年

風勁香逾遠霜寒色更鮮秋光買不斷無意學金錢

九日對園菊　王十朋

佳節逢吹帽黃金染菊叢淵明何處飲三徑冷香中

十月望日買菊一株頗佳　王十朋

秋去菊方好天寒花自香深懷傲霜意那肯媚重陽

殘菊　梅堯臣

零落黃金蕊雖枯不改香深叢隱孤秀猶得奉清觴

菊隱　張栻

不肯競桃李甘心同艾蒿德人一題品愈覺風味高

菊溪　洪适

夕英色衰落小摘尚盈襟錯會離騷意元無滿地金

茉莉菊　洪适

化工將茉莉改作壽潭花零露團佳色鵞黃自一家

對菊　鄭思肖

日月雖云逝山中秋自香平生抱正色誰怕夜來霜

其二

三徑今非昔多愁老此身誰知陶靖節只是晉朝人

菊　王穀祥

颯颯金風度嫣嫣秋色妍白衣還自至青女更相憐

和丁端叔菊花　楊廷秀

忽忽還重九匆匆又歲華不妨將白髮剩與揷黃花

五九菊　汪膺

生氣亘陽月九五當數奇菊花于此日爛漫開金卮

墨菊　藍山

晚節黃金盡霜枝淡墨新東籬日昏黑不見白衣人

菊　李俊民

色笑秋光淡香嫌酒力慳東籬在何處客裡見南山

墨菊　貢性之

醉折東籬朶看如隔暮烟莫驚顏色改不是義熙年

種菊　凌儒

幾種秋容好東籬手自栽陶潛無限興還待白衣來

霜後菊　凌儒

盈把香堪摘一尊誰爲遣斯人邈千載高興落東籬

靖節采菊　姚勉

腰不為米折頭獨採菊低晚節名元亮思與隆中齊

買菊　吳國倫

山中灌園子掘菊換金錢沽酒飲其華將無學延年

菊　陳淳

籬落秋來好黃花照眼新西風吹短鬢還憶種花人

其二

我愛東籬下秋深菊自花何人能送酒相對晚山斜

菊　陳淳

清霜下籬落隹色散花枝載咏南山句幽懷不自持

六言絕

周鎬送白菊乞詩　陳獻章

白菊偏宜素髮青山只對蒼顏無罷秋香滿腹風吹不到長安

藝菊志四卷